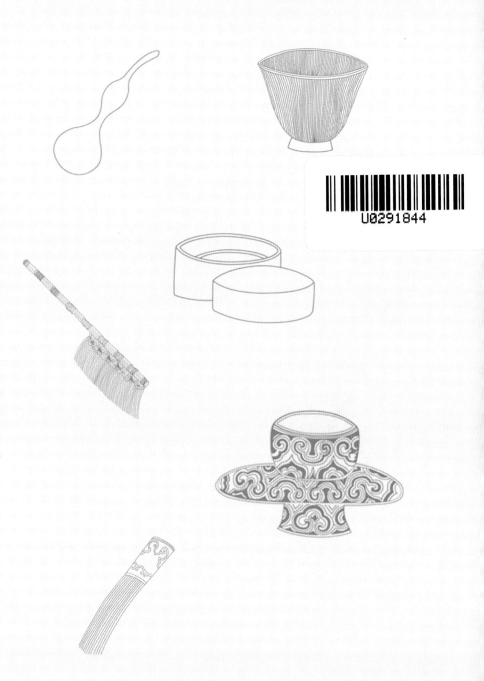

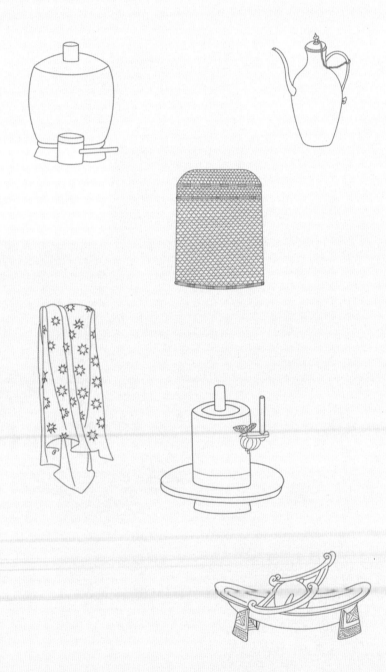

徐南眉　徐志高◎编　著

大众生活茶艺

中国建材工业出版社

图书在版编目（CIP）数据

大众生活茶艺 / 徐南眉，徐志高编著． —— 北京 ：
中国建材工业出版社，2023.9
ISBN 978-7-5160-3450-7

Ⅰ．①大… Ⅱ．①徐… ②徐… Ⅲ．①茶艺－中国－
普及读物 Ⅳ．①TS971.21-49

中国版本图书馆CIP数据核字（2021）第274635号

大众生活茶艺
DAZHONG SHENGHUO CHAYI

徐南眉　徐志高　编著

出版发行：中国建材工业出版社
地　　址：北京市海淀区三里河路11号
邮　　编：100831
经　　销：全国各地新华书店
印　　刷：北京印刷集团有限责任公司
开　　本：880mm×1230mm　1/32
印　　张：3.5
字　　数：50千字
版　　次：2023年9月第1版
印　　次：2023年9月第1次
定　　价：48.00元

主　编

徐南眉　徐志高

编委成员（按姓氏笔画为序）

刘　颖　华　波　林吴杰　柳珺晖　程梦珏

文稿主审

柳荣祥

绘图插画

罗　芳

摄影照片

华　波　有美点茶

视频拍摄

杭州茗秀堂文化创意有限公司

放眼世界，中国是茶的原产地，近五千年的茶叶发展史形成了我国丰富多彩的茶文化。

改革开放后，中国的茶文化得到了快速发展，"茶艺师"也正式列入了国家职业技能范畴，1999年以后随着茶艺师职业技能培训工作的开展，越来越多从事茶文化工作的人士参与到茶艺学习中来。普通民众中关心茶文化的人也越来越多。如浙江省老茶缘研究中心和浙江省茶叶学会就在2002年成立了一支以退休老年人为主体的"老茶缘茶道队"，成立至今已二十余年，他们学习茶的知识和茶的沏泡方法，并在杭州茶博览会、中国茶叶博物馆"家庭茶艺大赛"和各类茶文化宣传中进行宣传和演出。

本书两位作者是杭州非物质文化遗产项目"点茶"代表性传承人，长期从事茶文化研究和教学工作，为了让更多的人了解和学习茶文化，他们将研究成果编辑出版。本书除介绍茶的基本知识外，还介绍各类茶的沏泡方法，使读者能了解各类茶知识，并能学到各类茶的沏泡手法，从而增添生活趣味。

　　该书图文并茂，简单易学，本人作为作者导师特为该书作序。希望这本书能够受到读者的认可和欢迎。

刘祖生

原浙江大学教授

中国茶叶学会副理事长

浙江茶叶学会理事长

第一章
中国古老茶文化

漆雕秘阁

中国是茶的原产地，全世界产茶国的茶都是直接或间接从中国传入。我国云南西双版纳州至今还有集中成片的近千年的古茶树（乔木型），就是最好的证明（图1-1）。

我国早在神农时代，就发现了茶的药用功能（图1-2）。晋代张华在《博物志》中记载："饮真茶，令人少眠。"当时的人们已发现茶的提神效果。到了唐代，在国家药典《本草纲目》中提到："茗，苦茶。茗味甘苦，微寒无毒。主瘘疮，利小便，去痰热渴，令人少睡，春采之。"以上记载都证明，在唐代和唐代之前，人们就已经认识到茶的药用功能。

图1-1 大茶树

图1-2　神农像

　　唐代是我国茶文化发展的鼎盛时期，茶和茶文化都有了快速的发展，尤其是陆羽编写的《茶经》一书，更是促进了茶和茶文化的发展。陆羽生于公元733年（唐玄宗开元二十一年），病逝于公元804年（唐德宗贞元二十年），享年71岁，湖北天门人，安史之乱后定居浙江长兴，考察茶区并编写《茶经》，被世人称为"茶圣"（图1-3）。

图1-3　陆羽像

在唐代之前，茶叶历经药用、食用（将茶做菜）的阶段，至今云南一些少数民族仍有"腌茶、凉拌茶、酸茶"等以茶做菜的传统。从秦汉到魏晋，茶的饮用大多用"混煮羹饮"的方法，也就是加入葱、姜、橘皮等食材一起煮。到了唐代，人们将茶制成团饼茶，经过灸、研、罗等方法制成茶粉，再用煮茶法经过水的三沸，在茶汤中投入盐和茶粉，最后酌茶入碗（图1-4）。陆羽在《茶经》中细述了煮茶法的全过程，为后人提供了珍贵的史料。

宋代虽也用团饼茶，但已将烦琐的煮茶法简化为点茶法，即将末茶置放在茶器（黑釉盏）中，直

图1-4　长兴大唐贡茶院

接用开水冲点末茶，再用茶筅击沸茶汤，要求茶汤白而稠，点后盏边无痕为优。人们用点茶法来评比茶汤优劣，称之为"斗茶"（图1-5、图1-6）。南宋时期，日本僧人来华取经，在杭州余杭径山寺学习了点茶法，带回国后形成了日本的抹茶道。

图1-5　点茶、斗茶古画

图1-6　宋徽宗《文会图》

宋代后期，民间散茶（条形茶）开始兴起，称为"草茶"，当时最有名的有江西修水"双井"茶和浙江绍兴会稽山的"日铸"茶。

明清时期，茶文化有了新的发展。明代政府下令废团饼茶兴叶茶（公元1391年），自此中国茶的加工逐渐形成了以散茶为主，饮茶方式也改为"撮泡法"。到了清代，在加工过程中逐渐形成了各具特色的六大茶类。到了现代，又产生了品类繁多的再加工茶。同时，茶的各种综合利用产品开始出现，茶不仅是饮料，还可以加工成保健品、茶点、茶食品，并提取茶色素、茶皂素、抗氧化剂，广泛用于食品、医药、工业、渔业和畜牧业等领域。

2004年4月，位于陕西宝鸡市的法门寺出土了唐僖宗专用茶具，中国国际茶文化研究会和法门寺博物馆举办了茶文化国际学术讨论会，在国内外茶界曾经轰动一时（图1-7、图1-8）。

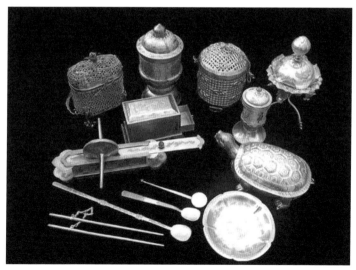

图1-7 法门寺出土的唐僖宗专用茶具

图 1-8 　《大唐清明茶宴》表演

第二章
千姿百态中国茶

宗从事

我国近 5000 年的茶叶发展史，记录了中国茶的发展和利用过程。21 世纪初，浙江长兴县（大唐紫笋贡茶院）展示厅内设立了唐代茶饼制作过程的模拟图像，还加工制作了唐代"团饼茶"，亦为来宾进行唐代煮茶法的演示（图 2-1、图 2-2）。

（1）先洗后蒸保绿色

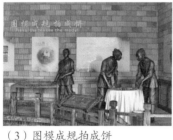

（2）蒸罢捣碎呈细米

（3）图模成规拍成饼

（4）晾至半干刀锥孔

（5）地灶慢焙茶至干

（6）成串包装暂存育

图 2-1　大唐紫笋贡茶院展示加工团饼茶程序

图 2-2　仿制唐代团饼茶

　　现代中国茶品类之多为世界产茶国之最，下面就其类别加以介绍。

一、基本茶类别

　　采摘茶鲜叶后，可用不同的加工方法将其制成品质各异的六大茶类。其原理就是茶叶中的茶多酚类化合物在不同加工条件下，氧化酶的酶性氧化程度不同，从而形成了形形色色的茶类，下面选择介绍各类茶中一些优质茶品。

1. 绿茶

　　清汤绿叶，属于不发酵茶类，分炒青、烘青、晒青、蒸青四大类。

（1）西湖龙井：外形扁平、光滑，色泽翠绿，汤色碧绿明亮，清香，滋味甘醇，产自浙江杭州（图 2-3）。

（2）碧螺春：外形条索纤细、卷曲成螺，茶叶茸毫密披、银绿隐翠，清香，味鲜醇，汤绿清明，产自江苏吴县洞庭东西山。

（3）黄山毛峰：外形似雀舌、匀齐壮实，茶叶峰显毫露、色如象牙，清香，汤色清澈，滋味鲜浓醇厚、甘甜，产自安徽黄山（图 2-4）。

（4）安吉白茶：外形似凤羽，色泽翠绿间黄，光亮油润，香气清鲜持久，滋味鲜醇，汤色清澈明亮，叶底芽叶细嫩成朵，叶白脉翠。安吉白茶富含人体

图 2-3　西湖龙井

图 2-4　黄山毛峰

所需的 18 种氨基酸，其氨基酸含量在 5%～10.6%
之间，是普通绿茶的 3～4 倍，茶多酚少于其他绿茶，
所以安吉白茶滋味特别鲜爽，没有苦涩味（图 2-5）。

（5）信阳毛
尖：外形紧细，锋
苗挺秀，色泽翠绿，
白毫显露，香气馥
郁持久，汤色清澈
明亮，滋味甘醇，
产自河南信阳。

（6）蒸青：

图 2-5　安吉白茶

经过蒸汽"杀青"制作而成，代表茶品为玉露茶，条索紧圆、光滑、纤细，挺直如松针，汤色嫩绿明亮，滋味鲜爽清香，产自湖北恩施。

（7）晒青：经过日光晒干而成的绿茶，主要产自云南、贵州、四川、广西、江西、陕西等省份，是制作紧压茶的原料。

2. 红茶

红汤红叶，属于全发酵茶类，有工夫红茶、小种红茶、红碎茶三大类。

（1）祁门红茶：属小叶工夫红茶类，条索紧细苗秀，香气清鲜持久，滋味浓醇鲜爽，具有浓郁玫瑰香，产自安徽省祁门地区（图2-6）。

图2-6　祁门红茶

（2）滇红：属于大叶工夫红茶类，条索紧直肥大、锋苗秀丽、金毫显露，干茶色泽乌黑油润，汤色红浓，滋味浓厚鲜爽，产自云南凤庆（图2-7）。

（3）正山小种：属于小种红茶类，条索肥厚，色泽乌润，茶汤红浓，香味浓郁绵长，带松烟香，产自福建崇安（图2-8）。

（4）红碎茶：属于红碎茶类，经揉切工序加工而成，做成袋泡茶包，便于冲泡时茶汤浸出（图2-9、图2-10）。

图2-7　滇红　　　　　图2-8　正山小种

图 2-9　袋泡茶包

图 2-10　红碎茶

3. 乌龙茶

绿叶红边, 属半发酵茶类, 分别产自闽南、闽北、广东、中国台湾四大产区。

（1）大红袍：闽北乌龙，条索紧结，色泽绿褐，汤色橙黄，叶底红绿相间，产自福建武夷山（图2-11）。

（2）铁观音：闽南乌龙，条索卷曲，肥壮圆结，叶色砂绿翠润，红点明显，香气浓郁，称"铁观音韵"，产自福建安溪（图2-12）。

图 2-11 大红袍

图 2-12 铁观音

（3）凤凰单丛：广东乌龙，条索挺直肥硕，黄褐色似鳝鱼皮，有花香，滋味浓郁、甘醇爽口，汤色清澈似茶油，叶底绿叶红边，产自广东潮安（图2-13）。

（4）白毫乌龙：台湾乌龙，又名"东方美人""香槟乌龙""膨风茶"，外形一心两叶、自然弯曲，色泽红、黄、白三色相间，汤色黄红如琥珀，有果味香，滋味甜醇，产自我国台湾桃园市、新竹县一带（图2-14）。

图2-13　凤凰单丛

图 2-14　白毫乌龙

4. 白茶

身披白毫，属于微发酵茶类。有白芽茶、白叶茶两大类。

（1）白毫银针：属白芽茶类，外形银白，身披白毫，富光泽，汤色浅杏黄，味清爽口鲜醇，产自福建福鼎、政和（图 2-15）。

（2）白牡丹：属白叶茶类，色泽呈深灰绿或暗青苔色，茶叶遍布白色茸毛，汤色杏黄或橙黄，香气清高，味鲜醇，产自福建省政和、建阳一带（图 2-16）。

图 2-15　白毫银针

图 2-16　白牡丹

5. 黄茶

黄汤黄叶，属于轻发酵茶类，有黄芽茶、黄小茶、黄大茶三大类。

（1）君山银针：属黄芽茶，外形挺直如针，芽头白毫满披，汤色杏黄明净，香气清鲜，滋味甜而鲜爽，产自湖南岳阳市洞庭湖君山岛（图2-17）。

（2）温州黄汤：属于黄小茶，色泽、汤色和叶底均为黄色，产自浙江温州地区的平阳、苍南、泰顺等县（图2-18）。

（3）霍山黄大茶：属于黄大茶，梗叶肥壮，外形弯曲带钩，色泽油润，呈古铜色，滋味醇和，香气高爽，产自安徽霍山县（图2-19）。

图2-17　君山银针

图2-18　温州黄汤

图 2-19　霍山黄大茶

6. 黑茶

经堆积发酵而成的茶类，属于后发酵茶类。

（1）普洱散茶：条索粗壮肥大，色泽褐红或带灰白色，可紧压成普洱沱茶、普洱砖茶和七子饼茶，产自云南普洱、西双版纳州等地（图 2-20）。

图 2-20　普洱散茶

（2）湖北老青茶、广西六堡茶、湖南安化黑茶等：均为黑散茶，可制作成各类紧压茶（图2-21）。

图 2-21　黑散茶

二、再加工茶类

六大茶类经过再加工而制成的茶称为再加工茶类。

1. 花茶

经加工而吸收了花香的茶叶。

（1）茉莉花茶：一般用烘青茶作为茶坯，是一种经茉莉花窨制工艺制作而成的具有茉莉花香的茶（图2-22）。

（2）茉莉龙珠：外形圆紧，白毫显露，形似珍珠，香气鲜灵，浓厚持久，汤色黄绿明亮，滋味鲜灵，属于圆珠形茉莉花茶（图 2-23）。

（3）玫瑰红茶：用玫瑰花和红茶窨制加工而成（图 2-24）。

（4）桂花龙井：用桂花和龙井茶窨制加工而成（图 2-25）。

图 2-22　茉莉花茶

图 2-23　茉莉龙珠

图 2-24　玫瑰红茶

图 2-25　桂花龙井

2. 紧压茶

将散茶或半成品茶经过蒸热压制而成，有红茶、绿茶、乌龙等。

（1）绿茶紧压茶

①竹筒茶：外形似竹筒，产自云南勐海等地（图2-26）。

②沱茶：外形似碗臼，产自云南下关、勐海一带（图2-27）。

图2-26　竹筒茶

图2-27　沱茶

③砖茶：外形似砖，有长形、方形，产自云南、贵州、湖北、湖南等省份。（图2-28）

④古钱茶：外形似古铜钱，产自贵州黎平县。（图2-29）

（2）红茶紧压茶：如米砖、小京砖等，产自湖北。

（3）乌龙紧压茶：如水仙茶饼，产自福建。

（4）白茶紧压茶：呈圆饼形，产自福建。

3. 浓缩茶

属于萃取茶，由成品茶或半成品茶经过萃取、浓缩而成，加水稀释后可饮用。（图2-30）

图 2-28　普洱砖茶　　　　图 2-29 古钱茶

图 2-30　浓缩茶

4. 超微茶粉

是由茶鲜叶经过脱水处理后加工而成，有绿茶粉、红茶粉、乌龙茶粉等，可直接泡水饮用，也可添加于各类食品中（图 2-31）。

图 2-31　超微茶粉

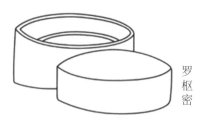

罗枢密

第三章

丰富多彩泡茶法

胡员外

　　中国茶类丰富，品种多，为世界之最，除了六大茶类外，还有许多再制品，因此中国的泡茶手法也十分丰富。我国 56 个民族大多有饮茶习惯，由于历史和地域不同而形成了风格各异的民族饮茶习俗。本书除介绍一些基本茶类的泡茶手法外，也会展示部分民族茶的沏泡方法，作为大家在日常生活中的泡饮参考。

一、主要茶具和注意事项

　　（1）煮水用具：电茶壶、随手泡、酒精灯。

　　（2）储水用具：热水瓶、各类水壶。

　　（3）泡茶用具：各类杯子、盖碗、大小茶壶、公道杯。

　　（4）置茶、赏茶用具：茶罐、赏茶碟。

　　（5）弃水用具：水盂。

　　（6）盛放用具：各类茶盘（含双层茶盘）。

　　（7）取茶用具：单用茶则、茶匙、茶道组合（含茶匙、茶针、茶夹、茶漏、茶荷）。

　　（8）辅助用具：茶巾、滤网、杯托。

　　（9）泡茶用茶量、水温、茶水比例、浸泡时间

（表3-1）。

表3-1　泡茶用茶量、水温、茶水比例、浸泡时间

茶类	茶器具	茶具容量	置茶量	水温	加水量（茶水之比）	冲泡时间
细嫩绿茶	玻璃杯或盖碗	150～200毫升	2～3克	80～85℃	1：50	2～3分钟
普通绿茶（炒青）	茶壶	任意	见茶水之比	85℃	1：50	2～3分钟
红茶、花茶	盖碗	150～200毫升	2～3克	85～90℃	1：50	2～3分钟
红茶、花茶	茶壶	见茶水之比	见茶水之比	85～90℃	1：50	2～3分钟
卷曲形乌龙茶	紫砂壶	任意	1/3壶	100℃	1：22	1分钟
条形乌龙茶	小盖碗	100～150毫升	2/3壶	100℃	1：22	1分钟

二、泡茶的基本手法

在日常生活中待客泡茶，有几种必要的手法。

1. 温茶具

泡茶前，壶、杯、盖碗、公道杯等器具在消毒后要先进行温、烫，其目的是提高器具的温度，热的茶具能更好地释放出茶叶的香气，提升茶叶有效成分的浸出。温茶具时可在容器中倒半杯或满杯（小杯）水，然后转动茶具，使整体均匀受热，再将水倒在水盂中或双层茶盘中。

2. 浸润泡

将茶叶放在茶器中，先进行浸润泡，即加入少量水（盖没茶叶即可），再轻微摇动茶器，促使干茶吸收水分而舒展，这样在后续冲泡时，茶叶中的有效成分能够更好地浸出。在冲泡普洱茶、乌龙茶时，往往先用小茶壶（或小盖碗）冲泡后，再倒在小杯中品饮。可在放置茶叶后在壶（碗）中加水盖没茶叶，再轻轻摇动壶身，使茶叶初步展开，然后再加满水。

3. 冲泡

在冲泡各类茶时，要使杯、壶中的茶叶冲泡均匀，上下茶汤浓度一致是至关重要的。一般有两种手法，一种俗称"三点头法"，将水壶从低到高，上下往复三次将水冲入杯中；另一种称"回旋斟水法"，即将水壶提起，先在茶器中冲点一周再往上提举后往下沉。两种手法的目的都是使茶叶在茶器中上下翻滚，达到茶汤均匀的目的。如用小壶或小盖碗冲泡乌龙茶或普洱茶，则可用悬壶法从低到高向壶中冲水，静止片刻再将茶汤倒入公道杯，再分茶到小杯中。

4. 敬茶

如用小杯，将小杯用茶夹夹住，放置在茶盘中，送给客人；如用盖碗或大杯，将杯放在杯托上，双手举杯托，送给客人。

三、绿茶泡法（扫码看操作视频）

1. 杯泡法

（1）茶具：水壶、杯、茶巾、茶匙、茶罐、茶荷、水盂、茶盘。

（2）冲泡程序：温杯—置茶—浸润泡—摇香—三点头法冲泡—敬茶、品饮。

2. 壶泡法

（1）茶具：水壶、茶壶、小杯若干、公道杯、滤网、茶巾、茶匙、茶罐、茶荷、水盂、茶盘。

（2）冲泡程序：温壶、杯及公道杯—置茶入茶壶—浸润泡—摇香—回旋法冲泡—静放片刻—倒茶入公道杯—温杯—分茶—敬茶、品饮。

3. 盖碗泡法

（1）茶具：水壶、盖碗若干、茶巾、茶匙、茶罐、茶荷、茶盘。

（2）冲泡程序：温盖碗，之后碗盖斜放在碗托上—置茶3克—浸润泡—加盖摇香—冲泡（泡后不加盖，盖置放在盖托上)—敬茶、品饮。在品饮时，

先加盖，之后双手举杯，取盖闻香，再用盖撇去上浮茶叶，之后压住碗口边，留一条缝，再小口品饮。

四、红茶泡法

1.盖碗清饮法

同绿茶盖碗泡法，水温 90℃。

2.奶红茶泡法

（1）壶泡法

①茶及茶具佐料：条形红茶或红茶包、佐料（方糖、牛奶)、水壶、茶壶、小杯、搅拌棍。

②冲泡程序：温壶—置茶入茶壶，用量根据人数而定，每人2克左右—浸润泡、摇壶、冲泡、放置2～3分钟—温杯—茶汤倒入杯中约半杯—加方糖并搅拌，加糖量根据个人口味—加奶至七分满搅拌—品饮。

（2）杯泡法

①茶及茶具：红茶包、水壶、容量为200～250毫升的玻璃杯、搅拌棍或小匙、方糖、牛奶。

②沏泡程序：温杯—加茶包，棉线放在杯外—加90℃的水到半杯—上下提举茶包，使茶叶充分浸提后取出—加方糖1～2块—搅拌—加奶至七分满—品饮。

五、花茶沏泡法

1. 盖碗泡法

同绿茶盖碗泡法，水温90℃。

2. 壶泡法

（1）茶具：水壶、茶壶、小杯、公道杯、茶荷、茶匙、水盂、茶巾、茶罐、茶盘。

（2）冲泡程序：温茶具，在品茗杯、公道杯中倒满水，壶中倒三成水，将壶身转动，水倒弃在水盂中—置茶，根据饮茶人数确定茶的量，茶水之比为1∶50—浸润泡—用回旋法冲泡—温杯，将

小杯及公道杯中的水倒弃在水盂中—浸润泡约 3 分钟后，将壶中茶水通过滤网倒入公道杯中—分茶，将茶汤分倒在小杯中—敬客或自饮。

六、普洱茶沏泡法

（1）茶及器具：散茶或紧压茶、煮水壶（可用酒精灯煮水，也可用电热水壶）、陶壶、紫砂壶或小盖碗、品茗杯、公道杯滤网、水盂、茶道组合、茶刀、茶巾、小茶盘。

（2）冲泡程序：赏茶，茶叶放在茶荷中，如紧压茶用茶刀取下—温茶具，在各器具中倒水，将壶或小盖碗中的水倒弃在水盂中—置茶—浸润泡—冲泡—温杯及公道杯，将杯中水倒在水盂中—倒茶，将茶汤倒在公道杯中—分茶，将茶汤分倒在品茗杯中—敬客或自饮。

七、乌龙茶泡法

1. 单杯（或盖碗）泡法

（1）茶具：煮水壶、双层

茶盘、紫砂小壶或小盖碗、品茗杯、杯托、公道杯滤网、茶道组合、茶巾、茶荷、小茶盘。

（2）冲泡程序：温茶具，在壶或盖碗中倒一半水，在品茗杯、公道杯中倒满水，将壶或盖碗中的水倒在双层茶盘中—置茶—浸润泡，将水快速倒入壶或盖碗中，刮沫、加盖—放置 1 分钟，并将品茗杯和公道杯中水倒弃在茶盘中—将壶或盖碗中的茶汤倒在公道杯中—将茶汤分倒在各杯中—敬茶（或自饮）。

2. 双杯冲泡法

（1）茶具：煮水壶、双层茶盘、紫砂小壶或小盖碗、三件套（品茗杯、闻香杯、杯托）、公道杯滤网、茶道组合、茶巾、茶荷、小茶盘

（2）冲泡程序：与单杯冲泡法基本相同，只是增加"闻香"环节。方法是在泡茶后，将茶汤倒在筒形的闻香杯中，再盖上品茗杯，将二杯翻转后，取闻香杯闻香，取品茗杯饮茶。在倒茶时为了使每杯茶汤均匀，要来回反复在各杯中倒茶，俗称"关公巡城，韩信点兵"。

3.潮州功夫茶传统泡法

潮州功夫茶即广东潮州汕头一带的泡茶法，习惯用圆形瓷质双层茶盘，冲泡手法与之前所讲的方法大致相同。

八、民族饮茶法

各民族的饮茶民俗丰富多彩，有白族三道茶、藏族酥油茶、汉族青豆茶、蒙古族奶茶、傣族竹筒茶、纳西族盐巴茶、土家族擂茶、回族罐罐茶、苗族打油茶、布朗族酸茶。

石
转
运

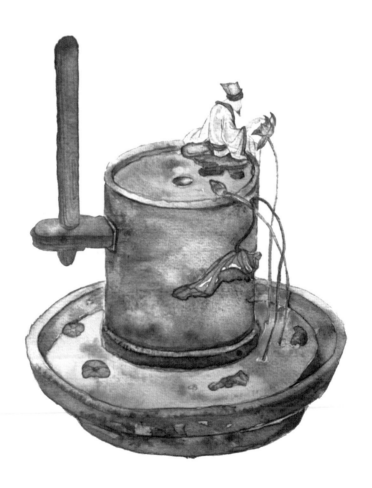

第四章
趣味生活布茶席

金
法
曹

一、茶席的定义

"茶席"一词虽说是近代茶艺演示中的专有名词，但从其含义来说，从古代有泡茶场所的布置开始，就有了"茶席"的存在。例如唐、宋时期的"煎茶法"和"点茶法"，其茶席内容就是茶具在桌面上的布局以及周围环境的布置。因此"茶席"是指饮茶场所环境及茶桌的布置。

二、茶席布置的内容

（1）环境布置：在泡茶整体环境的布置中，要求宁静、淡雅，切合茶性的要求。室内可悬挂字画挂轴，布置和品茶有关的物品。如遇佳节，还可悬挂一些中国结、红灯笼等物品。在室外时，可利用品茶处的自然地形，设置小桥流水、假山盆景等景观。有的茶席设在乡村郊外，还可以将茅屋、石磨等作为背景。

（2）茶席布置：茶席是指泡茶桌面的布置，其内容更为丰富。

①茶品和茶具：在茶席布置前，首先要确定茶类，然后根据茶的品类来决定选用的茶具品种。茶

品一般放在茶罐或赏茶碟（茶荷）中，和茶具一起放置在桌面上。如冲泡紧压茶类（砖茶、饼茶等）则要置备茶刀，专取紧压茶用。

②铺垫（台布）：为了防止在茶的沏泡过程中，茶具因倒入了开水而烫坏桌面，同时也为了桌面美观，要在桌面上铺设垫布，除棉布、丝绸外，还可用竹篾制成的小竹垫。

③茶席相关物品：在茶席中除主要沏泡器具和茶品外，还可结合主题摆放一些花卉、工艺品、香品等附件。如沏泡西湖龙井茶，可在桌面上放置小桥（代表断桥）或三潭印月等工艺品；如沏泡普洱茶，可放置一些紧压茶产品作点缀；如沏泡红茶，可在台布上绣红梅或在桌面上放置红梅插花；在一些仿古或禅（佛）茶演示中，可放置香桌进行插香；在中秋佳节请朋友品茶，可在茶桌上放置月饼、蜡烛等。许多茶席也特意放置点心，一方面增加了品茶的趣味，另一方面也丰富了茶席的内容（图4-1～图4-5）。

图 4-1 泡茶整体环境的布置

图 4-2 茶席布置

图 4-3 茶品和茶具的布置

图 4-4 桌面铺设垫布

图 4-5　茶席附件

木
待
制

第五章
有益健康中国茶

韦鸿胪

世界卫生组织多次公布健康饮料名单，都有茶在内，说明茶对人体健康是很有益处的，饮茶人长寿的例子不在少数，下面为大家讲述如何科学饮茶。

一、茶的成分

茶中对人体有益的成分，主要是茶多酚、氨基酸、咖啡碱、茶多糖、维生素、矿物质、茶色素、蛋白质等，其中茶多酚功效最为显著，对人体有降脂、降血糖、防止心血管病等多种功效。

经研究，红茶和绿茶可以预防帕金森综合征，预防肠胃和口腔疾病；乌龙茶、黑茶有降脂减肥的效果。

茶叶中的茶多酚具有抗辐射的作用。在第二次世界大战中，日本广岛居民受到核辐射的伤害，经调查，凡长年饮茶者受到的影响小，癌症病人在化疗期间服用茶的提取物（茶多酚或儿茶素）可减轻化疗的副作用。

二、茶的保健功效

（1）抗氧化、防衰老、祛斑、养颜；

（2）抗癌；

（3）增加人体免疫功能；

（4）预防心血管疾病、降血脂、降血压；

（5）抗辐射；

（6）消炎。

三、科学饮茶

1. 喝什么茶好？

所有的茶都具有一定的保健功效，因此选择喝什么茶，一是要看人们的消费习惯，二是要看茶产地的饮茶习俗。如福建、广东一带习惯喝各类乌龙茶，江南茶区则常年喝当地生产的名优绿茶。从茶的营养成分来讲，因绿茶未经发酵，茶多酚含量为各类茶中之最，而其他茶类中除茶多酚外也含有一些有益成分，如红茶中的茶红素、茶黄素等。因此饮茶除了要看消费习惯，还要看茶的品性。如绿茶性凉，宜在夏季喝，但春天是名优绿茶上市的季节，新茶色、香、味均为优质，也是品饮绿茶的最佳时节；红茶性温，宜在冬季品饮，有胃病的人也宜饮红茶。普洱茶属于后发酵茶，且采摘原料较为成熟，有较好的减脂效果；白茶属轻微发酵茶，加工中只有萎凋、干燥两个工序，茶性较凉，对人体有一定的消炎作用。

2. 什么时间段喝茶好？

一般饭后半小时到一小时喝茶较为适宜，因为此时食物中的蛋白质已被肠胃吸收。切忌空腹饮茶，易伤脾胃。

3. 一天喝多少茶好？

身体健康并且一直以来有饮茶习惯的人，一天泡饮 2 ～ 3 次，每次用茶 3 克左右，每杯茶（乌龙、普洱除外）加 150 毫升水，茶水之比为 1∶50，此时浓淡均匀，口感也好。冲泡后，加水 3 次左右，茶味淡了可另沏。全天饮茶 6 ～ 8 克为宜。

茶水沏泡中的第一泡有 50% 的营养成分析出，二泡有 30% 析出，三泡有 10% 析出，因此一般在三泡后茶味即淡，可重新沏泡。体力劳动强度大的人群，茶量和水量都可增加，最多可达一天泡茶 20 克左右。

空腹饮茶会引起心悸、恶心等症状，称为"茶醉"。此时吃些糖果、点心，则可解除。

4. 霉变的茶不能喝

存放不当而发生霉变的茶不能喝。有害细菌滋生在茶叶表面，会引发腹痛等症状。目前许多紧压茶由于数量多，一次喝不完，加上储存不当，表面往往会产生一些霉菌，不宜饮用。茶叶沏泡后以立即喝完为宜，隔夜茶在气温低时虽可放置，但也要预防其发生霉变，因此，选择优质的茶并及时泡饮才是最安全的。

5. 茶的防癌功效

常吃腌制、腊制食品的人群要多喝茶。因为腌制食品中含有亚硝胺等致癌物质，而茶叶中的茶多酚类化学成分可以阻断亚硝胺的合成。

6. 饮茶减肥

古书《本草拾遗》中记载，茶"久食令人瘦"，说明古人发现了饮茶具有减肥的功效。但是，个人生活习惯不同，肥胖的原因也不尽相同，所以并非每个喝茶的人都能减肥。

第六章
茶的保存及妙用

汤
提
点

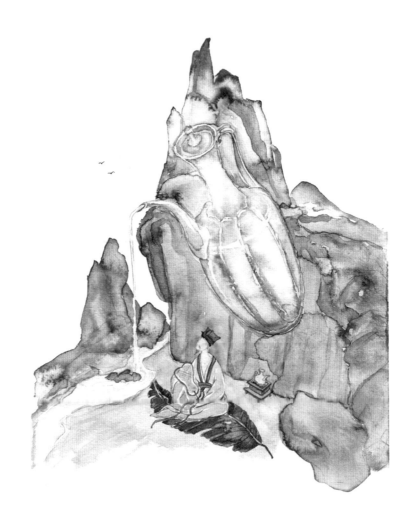

一、茶叶保存

松散型的散茶受外界温度、水分、氧气变化的影响极易变质，使内部化学成分变化引起品质下降，因此茶叶的贮藏和保管十分重要。

（1）低温贮藏：温度较高时，茶叶内部化学成分会发生质变，而在 0～5℃范围内，茶叶可以在较长时间中保存原有的色泽，因此茶叶宜保存在 5℃以下冰箱或冷库中。但在家庭存放时，要注意两点：一是家用冰箱存放食品较多，茶叶置放前一定要包装好，以免串味；二是将茶叶从冰箱中取出后，因和外面气温有温差，不宜立即打开，应等温度升到和外界一致时再打开。

（2）干燥法贮藏：由于茶叶疏松多孔，吸水能力强，空气中湿度大时更易吸水，导致变质。因此要采用干燥法来存放，可用陶瓷或不锈钢筒，洗净晾干后备用，用布袋包好块状石灰或木炭等吸湿剂，口袋体积要大于干燥剂，以免石灰吸湿后体积膨胀，之后将其放在容器底部，将茶叶用毛边纸包好后放在干燥剂上。在杭州西湖龙井一带常用此法保存龙井茶，一年内基本不会变质，其他绿茶也可用这种方法保存。

（3）真空贮藏：将茶叶容器中的空气抽出，或充入氮气，使茶叶处于无氧环境，避免氧化变质。这种方法适用于颗粒形的茶类，如铁观音等。

（4）常温存放：日常生活中，常见的包装容器有铝箔袋、金属罐、陶瓷罐、玻璃罐等，但防潮防氧性能较差，一般家庭存放最多 2～3 个月，否则还是会因水分、氧气、温度等因素的变化而变质。如茶叶贮放较久，尤其是在梅雨季节，一定要采用以上几种方法存放。

二、茶的妙用

在日常生活中，茶除了为人们提供健康饮品，还有许多用途，在这里罗列一些生活小建议，供大家参考。

（1）除臭去味：茶叶具有很强的气味吸附作用，利用这个特性，我们将过期的茶叶（不要霉变）或低档的茶末等作去味剂。叮将纸质袋中装的茶叶，置放在冰箱冷藏室中，去除腥臭味；也可将纸包茶叶放在有异味的鞋中，或挂在室内、汽车内去除异味。

（2）利用茶渣做面膜：茶叶中的茶多酚能提高人体抗氧化功能。每天饮完茶后，茶渣（专有名词为叶底）用纱布包裹来擦脸，这就是天然的面膜。常用此法擦脸，可保持面部光洁，已被民间传用很久。

（3）茶与菜肴：茶叶中含有多种对人体有益的成分，但有些成分不溶于水，或不能全部溶解在水中，因此古人就已知道以茶配食。国内目前专门制作茶菜的，如上海和杭州的饭店都有茶菜推出，其中如"龙井虾仁""乌龙童子鸡"及"西湖十景茶菜"等都已为人们所熟知。近年来杭州西湖风景名胜区农家茶楼连续几年举办农家茶菜大赛，吸引了众多游客前来品尝（图6-1）。

图 6-1　茶与菜肴

（4）茶与点心：除了入菜，还可以利用各类茶粉制作成茶点，最常见的是抹茶类点心，如抹茶蛋糕、抹茶冰淇淋，以及利用茶粉制成的糕团、粽子、面条等传统食品（图6-2～图6-7）。

图 6-2　抹茶糕点

图 6-4　抹茶面条

图 6-5　抹茶蛋糕

图 6-3　抹茶饮料

图 6-6　抹茶粽子

图 6-7　抹茶点心

第七章

全民学茶乐趣多

竺二副帅

一、少儿学茶好处多

中小学生学茶和茶艺，最早始于上海，目前全国各地已普遍开展，但大多局限于茶艺表演。其实青少年学茶艺，最重要的是让他们了解中国茶的历史、中国茶在世界上的地位，以及通过学茶提高少年儿童的素质和修养、了解茶与健康的关系等。其方法也是动静结合，既要学习茶的知识，也要学习泡茶方法，通过敬茶给长辈，培养尊敬师长的优良品质。其形式也是多样的，有朗诵、讲故事、猜谜语、办茶报、办小小茶艺馆、学制茶点心、和长辈一起参加家庭茶艺赛、举办小茶人茶艺赛等（图7-1）。

图 7-1　少儿茶艺

二、退休老年人学茶艺

目前，杭州市内有一种由老年人组织、开办的茶文化班。老年人学茶、饮茶不仅有益健康，更促进茶文化的传播（图 7-2）。

2002 年，由一批退休老年人组成的"浙江省茶叶学会老茶缘茶道队"在杭州成立。十多年来他们学习茶的知识，学习泡茶技艺，取得了丰硕成果。他们编排了许多跟茶有关的茶艺节目，已经在杭州历年的西湖博览会、杭州吴山民间茶会、全国各大院校茶艺大赛等众多茶文化活动中进行演出，其中的"西湖茶韵""红梅梦""故乡茶情"等大型茶艺节目以及各位队员小范围的表演都受到社会各界的好评。在学习茶文化当中，老人们不仅学到了知识，也宣传了茶文化，还通过饮茶使身体更加健康，可谓受益匪浅。同时，退休后的老年人还去各中小学指导少年儿童学茶艺，为市民进行定点茶文化宣传等，受到民众的欢迎。

图 7-2　老年茶艺

司职方

第八章
唐煮茶和宋点茶

陶宝文

　　我国古代饮茶方式中，唐、宋、元和明早期都饮用团饼茶，即将茶鲜叶采下后，经过蒸气杀青—研捣—压模成团饼状—烘焙半干—中间穿孔—烘焙至干—用绳穿成串，最后贮放，用布包起来或悬挂在墙上（图 8-1）。饮用时，先取团饼茶在小火上炙烤，以去除表面水分，再敲碎研成粉末后饮用。

　　唐朝时采用的是煮茶法，将末茶煮成沫饽后饮用，但因器具多，操作烦琐。宋后即改为点茶法，不再用炉、灶、锅等器具，而是直接将末茶放置在盏中，用水冲点，再用茶筅击沸成沫饽后即可饮用。比唐代煮茶法简单易操作。宋代民间还开展了点茶比赛，称为"斗茶"。

　　因为团饼茶的加工过程十分烦琐，口感欠佳，历史上除了皇家贵族御茶园加工团饼茶，民间已开

图 8-1　仿唐穿孔茶饼串

始尝试将茶鲜叶直接炒制成条形散茶，用沸水冲泡后饮用，不仅制作简单，而且色、香、味均优于团饼茶。平民出身的明太祖朱元璋在公元 1391 年下诏废团茶，改为贡叶茶，点茶、斗茶的习俗渐渐被泡饮法所取代。

我国宋代的点茶法曾被来到浙江余杭径山寺取佛经的日本僧人带回日本，从而形成了日本的"抹茶道"。

近年来，为了挖掘和研究我国古老的茶文化，相关从业者已将煮茶和点茶方法进行了复原，而原料也改为用现代加工工艺制作而成的"抹茶粉"。

一、唐代煮茶法

唐代茶圣陆羽，湖北天门人，在他撰写的《茶经》一书第五部分"茶之煮"中，详细描述了唐代煮茶用的二十四器和煮茶方法。2017 年中国茶叶博物馆对唐代"二十四器复原及陆羽茶道再现"课题进行立项，经过三年研究，于 2020 年 6 月通过专家鉴定，为各地开展唐煮茶法的研究奠定了基础（图 8-2）。

现将唐代煮茶法简单介绍如下：

　　《茶经》中提到煮茶时，先要烧水，煮水过程中，水会进行三次沸腾。"其沸如鱼目，微有声"为一沸；水边缘如"涌泉连珠"为二沸；水面"腾波鼓浪"为三沸，陆羽认为二沸正好，三沸水就老了。陆羽提出，一沸时要加盐；二沸时取一瓢水，用竹夹搅动水面，形成水涡时，加入研磨好的粉；三沸时将二沸取出的水倒回去止沸，这时会产生沫饽（汤花）。

　　《茶经》还指出，一锅水一般为一升，可分为五碗，第一、二、三碗较好，第四、五碗较差。水在一沸时，水面会产生黑色的水膜，要丢弃。

图 8-2　仿唐陆羽茶具

二、宋代点茶法

点茶，是两宋盛行的末茶品饮方式。

点茶操作，是将已制成的团片茶或散茶、碾磨、罗筛成末茶，再经煮水、调膏、注汤、击拂，点出可供品饮的茶汤。

点茶，自两宋延续至元代，明初由于废除了团饼茶，盛行散茶撮泡，点茶随之衰微，沉落了 600 多年。

20 世纪 80 年代以来，随着茶文化复兴，杭州市上城区茶文化研究会组织专家学者逐步挖掘、整理、解读和复原"点茶"。21 世纪以来，末茶、点茶器物等相继恢复生产，传统的点茶渐渐又被重新认识、点试，初步得到复原。2015 年，点茶被列入杭州上城区"非遗"项目。

由于点茶是一种牛活技艺，在两宋 300 多年的发展过程中，无论茶类、茶器、点饮技法都在不断交迭变化，且社会各阶层都各有自己的点茶法。这给我们今天学习、复原、传承点茶文化带来一定的困难。为方便爱好点茶者学习与体验，我们依据文献史料、传世器物以及几年来的操作实践，制定示范操作规程。本规程仅提供一个操作范例，并非唯一，学习与传承者按实际需要和条件可以灵活掌握。

宋代点茶法操作流程

蔡襄《茶录·论茶》列举了团片茶烹点，流程为炙茶、碾茶、罗茶、候汤、熁（xié，烤）盏、点茶。点茶操作要求为"钞茶一钱匕，先注汤，调令极匀，又添注入，环回击拂。汤上盏可四分则止，视其面色鲜白，著盏无水痕为绝佳。"

宋徽宗《大观茶论·点茶》详述点茶操作从调膏到七次注汤击拂的要领。

明朱权《茶谱》记述芽叶散茶用大瓯烹点的操作方法："碾茶为末，置于磨令细，以罗罗之，候汤将如蟹眼，量客众寡，投数匕入于巨瓯。候茶出相宜，以茶筅捵令沫不浮，乃成云头雨脚，分与啜瓯。"

从宋代茶事绘画中，可以看到多种点茶操作的场景（图 8-3 ～图 8-9）。

图 8-3　宋徽宗《文会图》（局部）

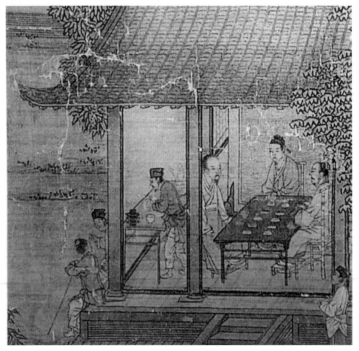

图 8-4　宋佚名《文会图》（局部）

图 8-5　河北宣化辽代张世卿墓壁画（局部）

图 8-6　刘松年《撵茶图》（局部）

图 8-7　佚名《斗茶图》元赵孟頫仿图（局部）

图 8-8　林庭珪、周季常《五百罗汉图·碶茶》（局部）

图 8-9　赵孟頫《琴棋书画》（局部）

本示范操作选用已制成的末茶，故团片或散茶炙烘、碾磨、罗筛等操作均未列入。

操作点茶时，如条件许可，可置茶台。据日本《类聚名物考》记载，南宋时，日本留学僧南浦绍明来华，回国时，从径山寺"携来台子一具，为崇福寺重器也，后其台子赠紫野大德寺。或云天龙寺开祖梦窗，以此台子行茶宴焉。"日本茶道所用点茶架子，即出自径山寺点茶台子原型。其尺寸大约为高90厘米，长60厘米，宽35厘米，分上下两层（图8-10）。

根据点茶台高度，以及宋代茶画中所见点茶场景，点茶人操作时多取站立姿势。

（1）备茶

将选用的成品末茶或自行碾磨成的末

图104·专记二-1 日本《类聚名物考》中关于日僧南浦绍明从宋带回径山茶宴台子的记载（径山寺提供）

图8-10 《中日文化交流史》[1]

---

① 《中日文化交流史》，滕军著，北京人民出版社2004年版第183页。

茶装入茶盒。本示范选用余杭径山茶，经石磨碾磨、罗筛而成，装入瓷茶罐（图 8-11、图 8-12）。

（2）列具

将点茶所需要的汤瓶、茶盏、盏托、茶笑、水盂、茶勺等器物有序置列，以方便操作为宜（图 8-13 ～图 8-18）。

图 8-11　末茶成品

图 8-12　自磨茶粉

图 8-13　汤瓶

图 8-14　茶盏

图 8-15　茶笑

图 8-16　茶勺　　　　图 8-17　水盂　　　图 8-18　茶盏

（3）煮水候汤

煮水要选专用的煮水器。点茶水温的确定须综合参考文献资料。宋徽宗《大观茶论·水》中记载："凡用汤以鱼目、蟹眼连绎迸跃为度，过老，则以少新水投之，就火顷刻而后用。"蔡襄《茶录·候汤》述及："候汤最难。未熟则沫浮，过熟则茶沉，前世谓之蟹眼者，过熟汤也。"他在《北苑十咏·试茶》又说道："兔毫紫瓯新，蟹眼清泉煮。"

宋人茶诗中，多用"蟹眼"描述沸水点茶。白玉蟾《茶歌》"活火新泉自烹煮，蟹眼已没鱼眼浮。"苏轼《次韵周穜惠石铫》"蟹眼翻波汤已作，龙头据火柄尤寒。"

本示范点茶所取水温在80℃左右，即煮水至"蟹眼鱼目"为度（图 8-19）。

图 8-19　煮水候汤

（4）熁盏

用火烤或注入沸水，使茶盏达到温热的状态。

蔡襄《茶录·熁盏》中写道："凡欲点茶，先须熁盏令热。冷则茶不浮。"

宋代的文人点茶亦遵此法。词人王千秋《风流子》有句："笑盈盈，溅汤温翠盏"。

本示范将热水注入茶盏一定量，令茶盏温热（图8-20）。

（5）置茶

将末茶用茶匙置入茶盏中（图8-21）。

置茶量综合参考文献资料。蔡襄《茶录·点茶》中记载："茶少汤多则云脚散，汤少茶多则粥面聚。

图 8-20 熁盏

图 8-21 置茶

钞茶一钱匕，先注汤……汤上盏可四分则止……"按宋代衡制，1 钱等于 4 克。鉴于蔡襄《茶录》所用末茶是产于建溪北苑贡茶焙的龙团凤饼，采择的是雀舌嫩芽，又经"三榨"去膏，置茶量偏大。

本示范所取径山茶为一芽一二叶的旗枪茶，置茶量在 2 克左右。

（6）注汤调膏

末茶置入茶盏后，注入适量水调匀。

蔡襄《茶录·点茶》中记载："钞茶一钱匕，先注汤，调令极匀"。

宋徽宗《大观茶论·点茶》也有类似说法："量茶受汤，调如融胶。"

本示范如《茶录》《大观茶论》所言，将末茶与水充分搅匀如膏状（图 8-22）。

图 8-22　注汤调膏

（7）注汤击拂

对末茶进行调膏后，即刻注汤，用茶筅击拂（图8-23）。

蔡襄《茶录·点茶》中记载："先注汤，调令极匀，又添注入，环回击拂。汤上盏可四分则止，视其面色鲜白，著盏无水痕为绝佳。"

宋徽宗《大观茶论·点》中记载："点茶不一。而调膏继刻，以汤注之。""环注盏畔，勿使侵茶。势不欲猛，先须搅动茶膏，渐加击拂，手轻筅重，指绕腕旋，上下透彻，如酵蘖之起面。"这是第一汤。而后再相继注汤六次，可从茶面注入，注汤量及击拂手法不一，世称"七汤法"。

图 8-23　用茶筅击拂

本示范注汤、击拂一般在三次，也可以有增减。持筅击拂依据《大观茶论》，要领在"指绕腕旋，上下透彻"，即从腕到指、到筅、到茶汤，没有滞碍，顺畅地运作。黄庭坚《看花回·茶词》亦云："纤指缓，连环动触。渐泛起，满瓯银粟。"

执筅手法，从宋代茶事画中看，有直执与横执两种。

林庭珪、周季常《五百罗汉图·喫茶》中为罗汉点茶的侍者是直执茶筅（图8-24）。

元赵孟頫《琴棋书画》中，持大茶瓯点茶人是横执茶筅（图8-25）。

图8-24　林庭珪、周季常《五百罗汉图·喫茶》（局部）

图 8-25 元·赵孟頫《琴棋书画》（局部）

宋韩驹《谢人寄茶筅》有记载："看君眉宇真龙种，犹解横身战雪涛。"两种手法可选择操作。

击拂的操作，《大观茶论》指出有"手重筅轻""手筅俱重""手轻筅重"，即所谓"点茶不一"。应以"手轻筅重，指绕腕旋，上下透彻"为得法。

击拂实操手法，《大观茶论》中的描述有"击拂既力""渐贵轻匀""筅欲转稍宽而勿速""筅欲轻匀而透达""以筅著居，缓绕拂动而已"等。这些手法可视沫饽生成情况而灵活运用。

（8）品饮

击拂，当沫饽达到需要则止，点茶完成，可供品饮（图 8-26）。

蔡襄《茶录·点茶》："视其面色鲜白，著盏无水痕为绝佳。"

宋徽宗《大观茶论·点》："乳雾汹涌，溢盏而起，周回旋而不动，谓之咬盏。宜匀其轻清浮合者饮之。"宋元诗人多有描绘击拂后生成沫饽的词句，如苏轼《西江月·茶园》："汤发云腴酽白，盏浮花乳轻圆。"刘过《好事近·咏茶筅》："龙孙戏弄碧波涛，随手清风发。滚到浪花深处，起一窝香雪。"谢宗可《茶筅》："玉尘散作云千朵，香乳堆成玉一泓。"

图 8-26　点完品饮

本示范，在击拂茶汤沫饽生成，如乳雾香雪，色泽鲜白时，即为点成。

下面操作过程为宋徽宗《大观茶论》描绘点茶七汤法的对照操作。

第一汤投入适量茶粉，沿盏少量注水，将茶汤调和成膏状，顺时针缓慢搅拌，以茶膏无颗粒呈漆胶状为佳。一汤是立茶之本，熟练者根据茶量注水，注水要沿着盏壁环注，不能直接注在茶膏上。然后缓缓搅动茶膏，逐渐加力加速，手轻筅重，手指跟手腕一同环绕回旋，上下搅匀（图8-27）。

第二汤从茶面注水，来回一圈，急注急停，不侵扰上一汤的汤面。再用茶筅有力击拂，逐渐加力加速，增加茶筅的运动幅度，让沫浡逐渐开朗（图8-28）。

图8-27　第一汤

图 8-28　第二汤

　　第三汤注水量与第二汤一致，茶筅匀速击拂汤面，击拂力量开始轻巧，茶筅运动范围逐渐扩大，使二汤出现的"玑珠"变成"粟文蟹眼"般大小的泡沫，茶汤追求的颜色在这一汤已现六七成（图 8-29）。

　　第四汤水略少一些，茶筅的幅度要大，但速度要缓，精华之态出现（图 8-30）。

图 8-29　第三汤

图 8-30　第四汤

第五汤根据茶汤的状态调整，注水的量和方式力度需视具体情况，未达状态则少水继续击拂，若沫饽都已显现就轻拂收沫（图 8-31）。

第六汤注水的量根据第五汤的水量来调整，主要轻拂汤面，直到乳花点点泛起，沫饽效果已成（图 8-32）。

第七汤注水的量根据第六汤的轻清、重浊的情况，观察汤花稀稠疏密的程度，根据个人喜好来加，主要是调整浓淡、茶色，促使茶汤达到最佳状态（图 8-33）。

图 8-31　第五汤

图 8-32　第六汤

图 8-33　第七汤

用不同茶粉点茶所呈现的效果不尽相同。（图 8-34）

（9）分茶内容

在宋代，分茶有多层含义。点茶中的分茶，实际上是源于点茶、斗茶的一种把玩茶汤沫饽的技艺。它出现在宋代，流行于南宋。南宋分茶可以分为三类，

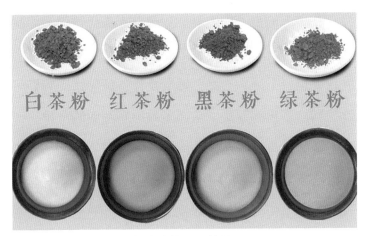

图 8-34　不同茶粉点茶沫浡的呈现效果

第一类是在宴饮雅集中的点茶分饮，又称为"分云""分香"。宋徽宗赵佶《文会图》中有一幕，茶童用茶勺将茶汤分到小盏中再奉于宾客。第二类是文人雅士发挥雅兴时的点茶，把玩茶汤沫饽，将其当成文人文化生活中的一项技艺。第三类是点击茶汤沫饽到幻出物像的，成为可供表演、欣赏的百戏，类似五代的"茶百戏"。《清异录·茗荈门》记载："近世有下汤运匕，别施妙诀，使汤纹水脉成物象者……但须臾即就幻灭。"历史上汤花变幻的分茶，没有图案、专著留存，现代只能参考古籍有关记载，用物理方法恢复，还原变幻现象。但能够确定的是，分茶要遵从的原理就是它始终是茶与水反应所发生的现象。

在今天的点茶中，其实只要在点茶沫饽的最后阶段刻意将沫下的茶汤翻卷上来，在表面形成"乳花"，这也就是分茶了。当然，随着操作逐渐熟练，我们可以控制住茶汤的翻滚，从而有效控制图案的产生，形成多变的、具有可逆性的图画。经过反复演示，一盏茶汤可以变化出各式各样的"乳画"。

无论是传统分茶，还是现代分茶，它都是在点茶的基础上应运而生的，同时它也是检验点茶沫饽是否白、厚、绵，是否咬盏久的一种表现。因此在现代，我们在做分茶前，必须要先点出一碗优质绵厚的汤沫，然后以原汤化原物，采用"清水点鸳鸯""泼墨丹青""五彩缤纷""堆沫叠影"等多种技法呈现丰富的效果（图8-35～图8-41）。

图 8-35　现代漏影春分茶

图 8-36　现代五彩缤纷分茶

图 8-37 现代泼墨丹青分茶 　　图 8-38 现代堆沫叠影分茶

图 8-39 现代分茶调饮

图 8-40 雪后南山耸翠（徐睿创作）

两个黄鹂鸣翠柳　　　　　　一行白鹭上青天

窗含西岭千秋雪　　　　　　门泊东吴万里船

图 8-41　分茶作品（徐睿创作）

参考文献

［1］陈宗懋.中国茶叶大辞典［M］.北京：中国轻工业出版社，2000.

［2］陈宗懋.中国茶经［M］.上海：上海文化出版社，1992.

［3］江用文，童启庆.茶艺师培训教材［M］.北京：北京金盾出版社，2008.

［4］王岳飞，徐平.茶文化与茶健康［M］.北京：旅游教育出版社，2013.

［5］政协杭州市上城区委员会，杭州市上城区茶文化研究会.点茶［M］.杭州：杭州出版社，2018.

在现代社会忙碌的生活中，人们常常通过体验传统文化来缓解内心压力、获取精神力量，茶艺就是其中一种。2020年我们出版了《趣味少儿茶艺》一书，一经上架广受好评。

　　如今人们对茶艺的兴趣日盛，各个年龄段的人参与到全国各地的茶艺活动中，学习茶艺，享受茶艺带来的快乐。为了满足大众对茶艺知识的渴求，我们经过几年准备，出版了这本《大众生活茶艺》，以简洁明了、图文并茂的形式，向大众传授传统茶艺。本书共8章，分别是中国古老茶文化、千姿百态中国茶、丰富多彩泡茶法、趣味生活布茶席、有益健康中国茶、茶的保存及妙用、全民学茶乐趣多、唐煮茶和宋点茶。

　　在本书编写期间，罗芳贡献出《茶具图赞》中十二先生精心绘画的插图，用于美化本书；华波、刘颖、林昊杰为本书拍摄了视频和图片，使本书内容更加丰富；柳珺晖和程梦珏为本书内容提出了宝贵意见并协助整理；柳荣祥从专业的角度对本书进行了审读。在此一并表示感谢。特别感谢刘祖生先生为本书作序。

本书内容可能存在一些不足之处，敬请广大读者和专家批评指正。

编著者

2023 年 8 月 30 日